Guida alla Coltivazione dei Girasoli

Impara cosa fare per coltivare bene splenditi Girasoli

A. Duller

Lisa Shardon

Copyright © 2024

Guida alla Coltivazione dei Girasoli

Introduzione

Il girasole, con il suo grande e brillante fiore giallo che segue il sole, è una delle piante più riconoscibili e amate al mondo. Originario delle Americhe, il girasole (Helianthus annuus) è oggi coltivato in tutto il globo per una varietà di scopi, che spaziano dall'abbellimento paesaggistico alla produzione di olio e semi. Il fascino dei girasoli risiede non solo nella loro bellezza e nel loro aspetto solare, ma anche nelle loro proprietà nutrizionali e nel loro simbolismo. Il nome stesso del girasole suggerisce il suo legame con il sole: è infatti noto per il fenomeno dell'eliotropismo, ovvero la capacità di orientare il proprio fiore verso il sole durante la giornata, un fenomeno particolarmente evidente nei giovani girasoli.

I girasoli, oltre al loro valore estetico, possiedono numerose caratteristiche botaniche e applicazioni pratiche. Le loro radici penetrano in profondità nel terreno, aiutando a prevenire l'erosione del suolo, mentre i loro semi sono una fonte essenziale di oli e nutrienti. In agricoltura, vengono spesso utilizzati come coltura da rotazione per migliorare la salute del suolo, e persino come fitodepuratori per rimuovere metalli pesanti e tossine dal terreno. Questa introduzione al mondo dei girasoli esplorerà il loro affascinante ciclo di vita, le caratteristiche uniche che li distinguono, e come siano diventati una parte essenziale della cultura e dell'economia globale.

Capitolo 1: Storia e origini del girasole

Il girasole ha origini antiche e affonda le sue radici nel continente americano, in particolare nelle regioni che oggi fanno parte degli Stati Uniti sud-occidentali e del Messico. Le tribù indigene, come i nativi americani, furono le prime a coltivare questa pianta, che consideravano sacra e utilizzavano per una vasta gamma di scopi alimentari, medicinali e cerimoniali. Gli archeologi hanno trovato prove dell'utilizzo del girasole risalenti a circa 3000 anni fa, dimostrando quanto fosse già all'epoca una pianta versatile e apprezzata.

Nella cultura indigena americana, il girasole non era solo fonte di nutrimento, ma anche simbolo di longevità, forza e fertilità. Gli antichi nativi americani erano soliti macinare i semi per creare una farina, utilizzata per preparare pane e altre pietanze, o per estrarne olio da usare nella cucina e come unguento medicinale. Inoltre, alcune tribù tingevano con il girasole tessuti e oggetti rituali, dimostrando il suo valore anche nel campo artistico.

Quando gli esploratori europei raggiunsero le Americhe, rimasero affascinati dai girasoli e decisero di introdurli nel Vecchio Mondo. Nel XVI secolo, i girasoli furono portati in Europa e iniziarono a diffondersi rapidamente, trovando un terreno fertile in Spagna e successivamente nel resto dell'Europa. Durante il XVIII secolo, la Russia giocò un ruolo importante nello sviluppo e nella diffusione della coltivazione del girasole, rendendolo una coltura di primaria importanza. I russi selezionarono varietà particolarmente adatte alla produzione di olio, consolidando così il ruolo del girasole come pianta alimentare e industriale.

Varietà di girasoli: una panoramica

Il genere Helianthus include numerose specie, ma il girasole comune (Helianthus annuus) è quello più noto e ampiamente coltivato. Oltre al girasole comune, esistono molte altre varietà che variano per dimensione, colore e utilizzo. Di seguito, una panoramica delle principali tipologie di girasoli:

1. **Girasole annuale (Helianthus annuus):** È la varietà più conosciuta e coltivata, caratterizzata da grandi fiori gialli. È particolarmente apprezzato per i semi oleosi, che vengono utilizzati per produrre olio e semi commestibili.

2. **Girasole perenne (Helianthus maximiliani):** Questa varietà, resistente al freddo e alla siccità, è spesso coltivata come pianta ornamentale nei giardini e come fonte di foraggio per il bestiame.

3. **Girasole ornamentale:** Conosciuto per le varianti dai petali colorati, che spaziano dal giallo al rosso, al bronzo e persino al viola. Queste varietà sono spesso più piccole e meno produttive in termini di semi, ma sono molto apprezzate per abbellire i giardini e i paesaggi.

4. **Girasole nano:** Questo tipo di girasole,

che non supera il metro di altezza, è ideale per la coltivazione in vaso e per spazi ridotti. Nonostante le dimensioni compatte, mantiene le caratteristiche estetiche del girasole classico.

5. **Girasole gigante:** Con altezze che possono superare i tre metri, il girasole gigante è spesso utilizzato come pianta da barriera o per progetti di giardinaggio paesaggistico. Questa varietà ha infiorescenze molto grandi e una produzione di semi abbondante.

Condizioni ideali per la coltivazione

Per garantire una coltivazione sana e rigogliosa dei girasoli, è essenziale comprendere le condizioni ambientali di cui hanno bisogno. Essendo originari di regioni calde e soleggiate, i girasoli richiedono una buona esposizione alla luce solare e preferiscono climi temperati o caldi. Le condizioni ottimali includono temperature comprese tra i 20 e i 25 gradi Celsius, anche se la pianta è abbastanza resistente e può tollerare brevi periodi di temperature più basse o più alte.

Una caratteristica interessante dei girasoli è il fenomeno dell'eliotropismo, presente nelle piante giovani: durante il giorno, i boccioli dei girasoli si orientano verso il sole, seguendolo da est a ovest. Questo movimento contribuisce a massimizzare l'assorbimento di luce, facilitando la fotosintesi e la crescita.

Illuminazione

L'esposizione solare è uno dei fattori più importanti nella coltivazione dei girasoli. Per crescere al meglio, queste piante necessitano di almeno 6-8 ore di luce diretta al giorno. La loro capacità di orientarsi verso il sole permette di sfruttare al massimo la luce disponibile, ma per ottenere una crescita rigogliosa e una buona fioritura, è fondamentale che i girasoli siano collocati in un'area aperta e priva di ombreggiature.

In situazioni in cui la luce naturale è limitata, come nelle zone settentrionali o durante le stagioni più fredde, l'uso di luci artificiali può risultare utile, soprattutto per la coltivazione indoor o in serra. Tuttavia, l'illuminazione artificiale non sostituisce completamente la luce naturale, ed è dunque importante optare per varietà di girasoli che tollerano bene le condizioni di luminosità ridotta.

Terreno e nutrienti

I girasoli preferiscono un terreno ben drenato, ricco di sostanza organica e con un pH leggermente acido o neutro, compreso tra 6,0 e 7,5. Per preparare il terreno alla semina, è consigliabile arare e arricchire il suolo con compost o letame maturo, che migliora la struttura del terreno e apporta nutrienti essenziali per la crescita della pianta.

Tra i nutrienti fondamentali per il girasole spiccano l'azoto, il fosforo e il potassio. L'azoto promuove lo sviluppo delle foglie, il fosforo sostiene la crescita delle radici e la fioritura, mentre il potassio rafforza la resistenza della pianta alle malattie e migliora la qualità dei semi. Tuttavia, è importante evitare un eccesso di azoto, poiché potrebbe favorire la crescita fogliare a scapito della fioritura. Una concimazione equilibrata, applicata durante la fase di semina e successivamente durante la crescita, aiuta a ottenere girasoli sani e produttivi.

Irrigazione

L'irrigazione è un aspetto cruciale nella coltivazione dei girasoli, specialmente nelle prime fasi di crescita. Queste piante hanno bisogno di un apporto idrico regolare, ma non tollerano i ristagni d'acqua, che possono danneggiare le radici e favorire lo sviluppo di malattie fungine. Durante le prime settimane dalla semina, è importante mantenere il terreno costantemente umido per permettere alle radici di svilupparsi. Una volta che la pianta ha raggiunto una certa maturità, le sue radici profonde le permettono di tollerare periodi di siccità.

In climi particolarmente aridi, può essere necessario irrigare i girasoli una o due volte a settimana, a seconda delle condizioni del terreno e delle temperature. L'uso di un sistema di irrigazione a goccia è particolarmente consigliato, in quanto permette di fornire acqua in modo uniforme e graduale, evitando sprechi e limitando il rischio di ristagno.

Capitolo 2: Tecniche di semina dei girasoli

La semina dei girasoli richiede una buona conoscenza delle tecniche adeguate per garantire una crescita rigogliosa e una fioritura ottimale. La preparazione del terreno e la scelta del metodo di semina, tra semina diretta e trapianto, sono aspetti fondamentali per avviare una coltivazione di successo. Le pratiche agricole differiscono a seconda delle esigenze della varietà di girasole, delle condizioni climatiche, e degli obiettivi di coltivazione, come produzione di semi, olio, o scopi ornamentali.

Preparazione del terreno

La preparazione del terreno è il primo passo per una semina efficace e per garantire una crescita vigorosa dei girasoli. Poiché queste piante hanno radici profonde e un fabbisogno nutrizionale elevato, è essenziale che il terreno sia ben strutturato, ricco di sostanze nutritive e in grado di drenare adeguatamente l'acqua.

1. Scelta del suolo e caratteristiche ideali

I girasoli si adattano bene a una varietà di terreni, ma crescono meglio in quelli sabbiosi o argillosi, con una buona capacità di drenaggio e un pH leggermente acido o neutro, idealmente compreso tra 6,0 e 7,5. Un suolo ben drenato è fondamentale per evitare problemi di ristagno idrico, che possono causare malattie radicali. Se il terreno del sito di coltivazione è eccessivamente argilloso o poco drenante, si può migliorare la sua struttura aggiungendo sabbia o materiale organico, come compost, per aumentare la porosità e la capacità di drenaggio.

2. Analisi del suolo

Prima di procedere alla preparazione del terreno, è consigliabile effettuare un'analisi del suolo per determinare il contenuto di nutrienti e il pH. Questo test aiuta a stabilire se è necessario apportare modifiche o integrazioni, come l'aggiunta di fertilizzanti specifici o correttivi per il pH, per garantire che il terreno sia adeguato alla coltivazione dei girasoli. I girasoli hanno un alto fabbisogno di azoto, fosforo e potassio, ma sono anche sensibili ai livelli di nutrienti come il calcio e il magnesio. Un terreno equilibrato facilita una crescita sana e una fioritura abbondante.

3. Lavorazione del terreno

Una volta effettuata l'analisi del suolo, si può procedere con la lavorazione del terreno, che consiste in diverse fasi:

- **Aratura e vangatura**: Questi passaggi iniziali servono a smuovere il terreno, rompendo le zolle e aerandolo in profondità. L'aratura dovrebbe essere effettuata a una profondità di circa 30-40 cm per favorire l'espansione delle radici. Questo è particolarmente importante poiché i girasoli sviluppano un apparato radicale profondo che permette loro di assorbire l'acqua e i nutrienti anche dai livelli inferiori del suolo.

- **Rifinitura del terreno**: Dopo l'aratura, si procede alla sarchiatura o fresatura per ridurre la dimensione delle zolle e ottenere una superficie liscia e uniforme. La sarchiatura favorisce inoltre la penetrazione dell'acqua e consente di eliminare eventuali erbe infestanti che potrebbero competere con i girasoli per nutrienti e spazio.

- **Aggiunta di materia organica**: Per migliorare la fertilità del terreno e arricchirlo di nutrienti, è consigliabile aggiungere compost, letame ben maturo o humus. Questi apporti organici migliorano la struttura del suolo, ne aumentano la capacità di ritenzione idrica e forniscono elementi nutritivi essenziali per la crescita dei girasoli. La materia organica può essere integrata nel terreno durante la fase di aratura o vangatura per assicurarsi che sia ben distribuita.

- **Concimazione**: La concimazione del terreno è un altro passo cruciale per garantire che i girasoli ricevano il corretto apporto di nutrienti. L'azoto, il fosforo e il potassio sono essenziali per la crescita della pianta. Tuttavia, un eccesso di azoto può stimolare una crescita eccessiva delle foglie a scapito dei fiori. È quindi consigliabile applicare una concimazione equilibrata, preferibilmente utilizzando fertilizzanti naturali o a rilascio controllato per garantire un apporto costante e graduale dei nutrienti.

4. Sistema di drenaggio

Se il terreno non drena adeguatamente, è importante predisporre un sistema di drenaggio per evitare ristagni idrici che possono danneggiare le radici e favorire malattie fungine. Un terreno ben drenato consente alle radici di respirare e riduce il rischio di marciumi radicali. In casi di terreni pesanti o eccessivamente compatti, si può optare per una coltivazione su rialzi o su aiuole sopraelevate per migliorare il drenaggio e facilitare la gestione dell'acqua.

5. Irrigazione pre-semina

In condizioni di terreno particolarmente secco, è consigliabile effettuare un'irrigazione pre-semina per umidificare la zona in cui verranno deposti i semi. Questo aiuta a favorire una germinazione uniforme e a ridurre lo stress idrico nelle prime fasi di crescita della pianta. Tuttavia, l'irrigazione deve essere moderata per evitare che si creino ristagni d'acqua.

Semina diretta vs. trapianto

Dopo aver preparato il terreno, è necessario decidere quale metodo di semina utilizzare. Le due principali tecniche sono la semina diretta e il trapianto. La scelta dipende da vari fattori, tra cui le condizioni climatiche, il tipo di girasole da coltivare e l'obiettivo della coltivazione.

Semina diretta

La semina diretta consiste nel piantare i semi

di girasole direttamente nel terreno preparato. È la tecnica più comune per coltivare i girasoli su larga scala e in aree con condizioni climatiche favorevoli. La semina diretta è preferibile in climi miti, dove non ci sono rischi di gelate tardive che potrebbero danneggiare i germogli.

Vantaggi della semina diretta:

- **Radicamento naturale**: I girasoli sviluppano radici forti e profonde quando vengono seminati direttamente nel terreno, facilitando una crescita stabile e una buona resistenza alla siccità.

- **Minor stress per le piante**: Non essendo necessario il trapianto, le piante non subiscono lo stress da trapianto, che potrebbe rallentarne la crescita o comprometterne la fioritura.

- **Economica e meno impegnativa**: La semina diretta è semplice e meno laboriosa rispetto al trapianto, soprattutto per coltivazioni su larga scala.

Svantaggi della semina diretta:

- **Maggiore esposizione agli agenti atmosferici**: I semi e i giovani germogli sono esposti agli sbalzi termici, alle gelate e alle piogge intense, che possono comprometterne lo sviluppo.

- **Risorse idriche maggiori**: Nei primi giorni dopo la semina, è necessario un monitoraggio costante dell'umidità del suolo per garantire una germinazione ottimale, il che può comportare un maggiore consumo d'acqua.

Tecniche per la semina diretta:

- **Periodo ideale**: La semina diretta va effettuata in primavera, quando la temperatura del suolo è stabile sopra i 10°C. I girasoli germinano meglio a una temperatura del terreno tra i 15 e i 20°C.

- **Profondità e distanza dei semi**: I semi vanno piantati a una profondità di circa 2-3 cm e a una distanza di 20-30 cm l'uno dall'altro, per dare spazio alle piante di svilupparsi adeguatamente. Per le varietà più grandi, si può aumentare la distanza fino a 60 cm.

- **Copertura e irrigazione leggera**: Dopo aver deposto i semi nel terreno, si coprono leggermente con uno strato di terra e si procede con un'irrigazione moderata. Nei giorni successivi, è importante mantenere il terreno umido per favorire la germinazione, ma evitando ristagni d'acqua.

Trapianto

Il trapianto dei girasoli consiste nella semina in un luogo protetto, come una serra o in vasi, seguita dal trasferimento delle piantine nel terreno una volta raggiunta una dimensione adeguata. Questa tecnica è utilizzata principalmente in regioni con climi instabili o in caso di varietà delicate, come alcune specie ornamentali.

Vantaggi del trapianto:

- **Maggiore controllo delle condizioni di crescita**: Il trapianto permette di monitorare le condizioni di temperatura e umidità in modo più preciso, riducendo i rischi di fallimento nella germinazione.

- **Protezione dalle intemperie**: Le giovani piantine crescono in un ambiente protetto, limitando l'esposizione a parassiti, malattie e condizioni climatiche avverse.

- **Gestione del ciclo di coltivazione**: Il trapianto permette di iniziare la coltivazione dei girasoli anche prima della stagione ideale, garantendo una fioritura anticipata.

Svantaggi del trapianto:

- **Stress da trapianto**: Le piante possono subire uno shock durante il trasferimento nel terreno, il che potrebbe rallentarne la crescita e, in alcuni casi, ridurre la qualità dei fiori.

- **Lavoro e costi aggiuntivi**: Il trapianto richiede maggiori risorse e manodopera, oltre alla necessità di spazi e attrezzature per la germinazione indoor.

Tecniche per il trapianto:

- **Germinazione in contenitori**: I semi vengono piantati in piccoli contenitori o vasi di torba, a una profondità di circa 1-2 cm. È importante mantenere il terreno umido ma non troppo bagnato, per evitare la formazione di muffe.

- **Periodo di trapianto**: Le piantine sono pronte per essere trasferite nel terreno esterno quando hanno sviluppato almeno 2-3 paia di foglie e hanno una radice ben formata, generalmente dopo 2-3 settimane dalla semina.

- **Adattamento graduale**: Prima del trapianto, è consigliabile acclimatare le piantine all'esterno, esponendole progressivamente alle condizioni climatiche naturali per evitare uno shock termico.

Queste tecniche di semina, se applicate correttamente, garantiscono girasoli sani e vigorosi, sia per fini ornamentali che produttivi.

Capitolo 3: Manutenzione delle piante di girasole

La manutenzione delle piante di girasole è essenziale per ottenere piante sane, vigorose e in grado di produrre fiori e semi di alta qualità. Il girasole, sebbene sia noto per la sua resistenza, richiede comunque una serie di cure che vanno dalla gestione delle erbacce e delle malattie, alla concimazione, alla potatura e, per alcune varietà, al supporto strutturale. Ogni pratica di manutenzione deve essere svolta con attenzione, rispettando le fasi di crescita della pianta e considerando il tipo di varietà coltivata.

Controllo delle erbacce

Le erbacce rappresentano una delle principali minacce per la crescita del girasole, poiché competono per i nutrienti, l'acqua e la luce solare, fattori cruciali per una crescita sana delle piante. Il controllo delle erbacce è quindi una pratica fondamentale, specialmente nelle prime fasi di sviluppo, quando le giovani piante di girasole sono più vulnerabili.

1. Tecniche di controllo meccanico delle erbacce

Il controllo meccanico delle erbacce consiste nell'utilizzare strumenti manuali o meccanici per rimuovere le infestanti. Questa pratica è particolarmente indicata per le coltivazioni di piccole e medie dimensioni, dove si può intervenire facilmente senza rischiare di danneggiare le radici del girasole.

- **Zappatura e sarchiatura**: La zappatura è una tecnica efficace per rimuovere le erbacce che crescono intorno alle piante di girasole. Si esegue utilizzando una zappa o altri strumenti simili, che permettono di eliminare le infestanti in superficie senza danneggiare le radici. La sarchiatura, invece, si pratica leggermente più in profondità e può essere utile per arieggiare il terreno e rendere più difficile la ricrescita delle infestanti.

- **Pacciamatura**: La pacciamatura è un metodo naturale di controllo delle erbacce che consiste nel coprire il terreno con materiali organici, come paglia, corteccia, compost, o foglie secche. La pacciamatura non solo riduce la crescita delle erbacce, ma aiuta anche a mantenere l'umidità del terreno e a regolare la temperatura, creando condizioni ottimali per la crescita del girasole. La pacciamatura biologica si decompone nel tempo e arricchisce il terreno, fornendo nutrienti aggiuntivi alla pianta.

- **Teli di plastica o tessuto non tessuto**: In alcuni casi, soprattutto in coltivazioni su larga scala, è possibile utilizzare teli di plastica nera o tessuti non tessuti per coprire il terreno e impedire la crescita delle infestanti. Questo metodo è particolarmente utile nelle coltivazioni intensive, poiché consente di risparmiare tempo e ridurre l'utilizzo di erbicidi chimici.

2. Controllo chimico delle erbacce

In alcune situazioni, soprattutto per le grandi estensioni di terreno coltivate a girasoli, può essere necessario ricorrere a erbicidi selettivi per il controllo delle erbacce. L'uso di erbicidi deve essere limitato e ben pianificato, poiché l'uso eccessivo può danneggiare il suolo e compromettere la qualità delle piante.

- **Scelta di erbicidi selettivi**: Gli erbicidi selettivi sono prodotti chimici progettati per colpire solo determinate specie di erbacce, lasciando intatte le piante di girasole. È importante utilizzare solo prodotti autorizzati per la coltivazione del girasole e seguire attentamente le istruzioni per evitare danni accidentali alla coltura.

- **Timing dell'applicazione**: La tempistica dell'applicazione degli erbicidi è essenziale. Generalmente, l'applicazione deve avvenire quando le piante di girasole sono abbastanza robuste da resistere alla presenza di sostanze chimiche nel suolo. È consigliabile intervenire prima che le infestanti raggiungano una fase di crescita avanzata, per evitare che competano eccessivamente con i girasoli.

3. Controllo biologico delle erbacce

Il controllo biologico delle erbacce è una tecnica alternativa che si avvale dell'uso di altri organismi per ridurre la crescita delle infestanti. Sebbene sia una pratica meno comune, può essere utile in alcuni contesti, specialmente nelle coltivazioni biologiche.

- **Integrazione di piante di copertura**: Alcune piante, come il trifoglio o la senape, possono essere utilizzate come colture di copertura per impedire la crescita delle erbacce. Queste piante si sviluppano rapidamente e coprono il terreno, rendendo difficile per le erbacce trovare spazio per crescere. Inoltre, alcune piante di copertura arricchiscono il suolo di azoto, favorendo la crescita del girasole.

Concimazione

I girasoli sono piante con un fabbisogno nutrizionale elevato, specialmente durante la fase di crescita attiva e di fioritura. Fornire una corretta concimazione è quindi fondamentale per assicurare una crescita vigorosa e ottenere fiori grandi e semi di qualità.

1. Tipi di fertilizzanti e nutrienti necessari

Il fabbisogno nutrizionale del girasole può essere soddisfatto con una varietà di fertilizzanti, sia organici che chimici. È importante fornire i nutrienti essenziali nelle giuste proporzioni per evitare carenze o eccessi che potrebbero danneggiare la pianta.

- **Azoto (N)**: L'azoto è essenziale per la crescita delle foglie e dello stelo. Tuttavia, un eccesso di azoto può portare a una crescita eccessiva delle foglie a discapito dei fiori. Una fornitura di azoto moderata, applicata principalmente durante le prime fasi di crescita, aiuta a promuovere lo sviluppo della struttura vegetativa.

- **Fosforo (P)**: Il fosforo è fondamentale per lo sviluppo delle radici e la formazione dei fiori. Aiuta inoltre a migliorare la resistenza della pianta agli stress ambientali e alle malattie. Il fosforo è particolarmente importante durante la fase di fioritura, poiché sostiene la formazione dei semi.

- **Potassio (K)**: Il potassio migliora la resistenza della pianta, favorisce la produzione di semi e aiuta a regolare il bilancio idrico. Una buona quantità di potassio è essenziale per ottenere girasoli resistenti alle malattie e agli stress ambientali, e migliora anche la qualità dei semi prodotti.

- **Calcio, magnesio e zolfo**: Questi nutrienti secondari sono anch'essi importanti per la crescita equilibrata dei girasoli. Il calcio è essenziale per la stabilità delle pareti cellulari, il magnesio è un componente della clorofilla e lo zolfo è importante per la sintesi proteica.

2. Tecniche di applicazione dei fertilizzanti

- **Concimazione pre-semina**: Prima di seminare i girasoli, è consigliabile applicare del compost o del letame maturo per arricchire il terreno di materia organica. Questa concimazione di base fornisce una riserva di nutrienti per le prime fasi di crescita.

- **Concimazione di mantenimento**: Durante la fase di crescita attiva, è possibile applicare un fertilizzante a lento rilascio per garantire un apporto costante di nutrienti. Si può anche optare per una concimazione fogliare, che permette di fornire nutrienti direttamente alle foglie, migliorando l'assorbimento da parte della pianta.

- **Concimazione in fase di fioritura**: Durante la fioritura, è importante ridurre l'apporto di azoto e aumentare quello di fosforo e potassio. In questa fase, l'azoto eccessivo può favorire una crescita vegetativa a scapito dei fiori, mentre il fosforo e il potassio aiutano a migliorare la qualità dei fiori e dei semi.

Potatura e supporto

La potatura e il supporto sono pratiche meno comuni nella coltivazione del girasole rispetto ad altre piante, ma possono essere comunque utili in determinate condizioni. La potatura viene effettuata principalmente per controllare la forma della pianta e migliorare la penetrazione della luce e dell'aria, mentre il supporto è utile per le varietà più alte, che potrebbero rischiare di piegarsi o spezzarsi sotto il peso del fiore.

1. Potatura

La potatura non è sempre necessaria per i girasoli, ma può essere utile per le varietà ornamentali o per ottenere piante più compatte.

- **Potatura delle foglie inferiori**: In alcune varietà di girasoli, è possibile rimuovere le foglie più basse per migliorare la circolazione dell'aria e ridurre l'umidità intorno alla base della pianta, prevenendo così lo sviluppo di malattie fungine.

- **Controllo dei

 germogli laterali**: In alcune varietà, i girasoli possono sviluppare germogli laterali che riducono la produzione di semi nel fiore principale. Rimuovendo questi germogli, si concentra l'energia della pianta sul fiore centrale, migliorando la qualità e la dimensione dei semi.

2. Supporto

Il supporto è una pratica utile per le varietà di girasoli più alte o coltivate in zone ventose, dove c'è il rischio che lo stelo si pieghi o si spezzi.

- **Pali di supporto**: È possibile utilizzare pali di legno o di bambù per sostenere le piante di girasole. Il palo viene piantato accanto alla pianta e lo stelo viene legato al palo con del nastro morbido per evitare di danneggiarlo.

- **Gabbie di sostegno**: Per i girasoli coltivati in giardini ornamentali, si possono utilizzare gabbie o strutture a spirale per sostenere le piante. Queste strutture permettono di mantenere la pianta stabile senza bisogno di legarla ripetutamente durante la crescita.

- **Ancoraggio delle piante**: In aree particolarmente esposte al vento, è possibile ancorare le piante di girasole al terreno con fili o corde, evitando così che si spezzino o che si inclinino eccessivamente.

Capitolo 4: Gestione delle malattie e dei parassiti

I girasoli, come molte altre colture, sono vulnerabili a una serie di malattie e parassiti che possono compromettere la loro crescita, la qualità dei fiori e dei semi. La gestione efficace delle malattie e dei parassiti richiede una conoscenza approfondita delle problematiche più comuni e delle tecniche preventive e curative, con particolare attenzione all'uso di metodi sostenibili per proteggere la salute della pianta e la qualità del suolo. In questo capitolo, esamineremo le principali malattie che colpiscono i girasoli e le tecniche preventive e di trattamento più efficaci.

Malattie comuni dei girasoli

Le malattie che attaccano i girasoli possono essere di origine fungina, batterica o virale, e ciascuna di esse presenta sintomi e metodi di trattamento differenti. La prevenzione e il trattamento delle malattie dei girasoli richiedono una gestione attenta, soprattutto nelle coltivazioni su larga scala, dove il rischio di contagio tra piante è maggiore.

1. Muffa grigia (Botrytis cinerea)

La muffa grigia è una malattia fungina molto comune nei girasoli, causata dal fungo _Botrytis cinerea_, che prospera in condizioni di umidità elevata e temperature moderate. Questa malattia colpisce principalmente i fiori, ma può anche infettare le foglie e gli steli.

- **Sintomi**: La muffa grigia si manifesta con la presenza di macchie brune o grigie sulle foglie e sui fiori. Nelle fasi avanzate, si sviluppa una caratteristica muffa grigia e polverosa sulla superficie della pianta. Le foglie infette possono ingiallire e cadere prematuramente, mentre i fiori possono appassire o sviluppare deformazioni.

- **Ciclo della malattia**: Il fungo _Botrytis cinerea_ si diffonde tramite spore che possono rimanere dormienti nel terreno durante l'inverno. Quando le condizioni di umidità sono elevate, le spore germinano e infettano la pianta, soprattutto nelle zone in cui l'acqua tende a ristagnare.

2. Peronospora (Plasmopara halstedii)

La peronospora è un'altra malattia fungina comune che colpisce le colture di girasole. È causata dal fungo _Plasmopara halstedii_, che attacca principalmente le radici e i tessuti vascolari delle piante giovani, compromettendo la loro capacità di assorbire acqua e nutrienti.

- **Sintomi**: La peronospora provoca macchie giallastre sulla superficie superiore delle foglie, mentre sul lato inferiore si sviluppa una muffa bianca o grigia. Le piante infette spesso mostrano un arresto della crescita, con foglie deformate e ingiallite.

- **Ciclo della malattia**: Il fungo _Plasmopara halstedii_ può sopravvivere nel suolo per lunghi periodi e infetta la pianta attraverso le radici. Il rischio di infezione aumenta in condizioni di elevata umidità e temperature tra i 15 e i 25°C.

3. Ruggine (Puccinia helianthi)

La ruggine è una malattia fungina causata da _Puccinia helianthi_ e si manifesta prevalentemente sulle foglie. È particolarmente problematica nelle zone con clima caldo e umido e può ridurre significativamente la resa dei girasoli.

- **Sintomi**: La ruggine si manifesta con la comparsa di macchie gialle o arancioni sulla parte superiore delle foglie e pustole brune o rosse sul lato inferiore. Queste pustole rilasciano spore che possono diffondersi facilmente attraverso il vento e infettare altre piante.

- **Ciclo della malattia**: Le spore della

ruggine si diffondono tramite il vento e possono germinare su foglie umide, infettando rapidamente le piante circostanti. La malattia progredisce rapidamente in condizioni di umidità elevata e temperature tra i 20 e i 30°C.

4. Marciume bianco (Sclerotinia sclerotiorum)

Il marciume bianco, causato dal fungo _Sclerotinia sclerotiorum_, è una delle malattie più devastanti per i girasoli, in quanto attacca le radici, gli steli e i fiori, causando danni significativi alla pianta.

- **Sintomi**: Il marciume bianco si manifesta con l'ingiallimento delle foglie, seguito da lesioni acquose sugli steli e dai caratteristici sclerozi neri (strutture di riposo del fungo) all'interno dei tessuti colpiti. Le piante infette possono appassire e morire rapidamente.

- **Ciclo della malattia**: Il fungo _Sclerotinia sclerotiorum_ produce sclerozi che rimangono nel suolo e possono infettare le nuove coltivazioni. L'infezione si verifica in condizioni di elevata umidità e temperature moderate, soprattutto nelle zone dove l'acqua tende a ristagnare.

5. Oidio (Erysiphe cichoracearum)

L'oidio è una malattia fungina causata da _Erysiphe cichoracearum_, che si manifesta principalmente sulle foglie, provocando una riduzione della fotosintesi e indebolendo la pianta.

- **Sintomi**: L'oidio appare come una patina bianca o grigiastra sulla superficie delle foglie, che può estendersi fino agli steli e ai boccioli. Nelle fasi avanzate, le foglie possono appassire e cadere prematuramente.

- **Ciclo della malattia**: Le spore dell'oidio si diffondono rapidamente tramite il vento e germinano in condizioni di umidità moderata e temperature tra i 20 e i 25°C. Questa malattia è particolarmente comune nelle coltivazioni fitte o mal ventilate.

6. Virus del mosaico

Il virus del mosaico è una malattia virale che colpisce molte piante, compreso il girasole. È trasmessa da insetti vettori, come gli afidi, e può causare gravi deformazioni nelle foglie e nei fiori.

- **Sintomi**: Il virus del mosaico provoca una tipica chiazzatura giallo-verde sulle foglie, accompagnata da deformazioni e crescita stentata. I girasoli infetti spesso mostrano foglie arricciate e riduzione nella qualità dei semi.

- **Ciclo della malattia**: Il virus viene trasmesso dagli insetti vettori, in particolare dagli afidi. L'infezione si diffonde rapidamente durante le stagioni calde, quando la popolazione di insetti vettori è più attiva.

Tecniche di prevenzione e cura

La prevenzione è la chiave per evitare l'insorgenza di malattie nei girasoli. È essenziale adottare buone pratiche di gestione, monitorare regolarmente le piante e intervenire prontamente alla comparsa dei primi sintomi. Esaminiamo le principali tecniche di prevenzione e trattamento delle malattie dei girasoli.

1. Rotazione delle colture

La rotazione delle colture è una delle tecniche più efficaci per prevenire le malattie fungine e batteriche. Alternare i girasoli con altre colture riduce il rischio di accumulo di patogeni specifici nel suolo, poiché molte malattie fungine sopravvivono nel terreno e infettano ciclicamente le stesse piante.

- **Esempi di rotazione**: Si consiglia di evitare di piantare girasoli nello stesso appezzamento per almeno 3-4 anni. Colture come mais, frumento o leguminose sono buone alternative in un programma di rotazione, poiché non ospitano gli stessi patogeni dei girasoli.

2. Selezione di varietà resistenti

La scelta di varietà di girasoli resistenti alle malattie è una strategia preventiva fondamentale. Esistono molte varietà di girasole che sono state selezionate per la loro resistenza naturale a malattie come la ruggine, la peronospora e il marciume bianco.

- **Ricerca e selezione**: Prima di piantare i girasoli, è consigliabile informarsi sulle varietà più resistenti disponibili e scegliere quella più adatta alle condizioni climatiche e del suolo dell'area di coltivazione.

3. Controllo dell'umidità e ventilazione

Il controllo dell'umidità è essenziale per prevenire molte malattie fungine. La maggior parte dei funghi patogeni prospera in condizioni di elevata umidità, quindi mantenere il fogliame asciutto e assicurare una buona ventilazione può ridurre notevolmente il rischio di infezioni.

- **Distanziamento delle piante**: Piantare i girasoli a una distanza adeguata favorisce la circol

azione dell'aria, riducendo l'umidità intorno alle piante. Un buon distanziamento riduce anche il rischio di trasmissione di malattie da una pianta all'altra.

- **Irrigazione mirata**: Si consiglia di irrigare le piante alla base, evitando di bagnare le foglie e i fiori, poiché l'acqua sulle superfici fogliari crea condizioni favorevoli per lo sviluppo di funghi.

4. Rimozione delle piante infette

La rimozione tempestiva delle piante infette è fondamentale per evitare la diffusione delle malattie. Le piante colpite da marciume bianco, peronospora o muffa grigia devono essere rimosse immediatamente dal campo e distrutte.

- **Gestione dei residui**: I resti delle piante infette non devono essere lasciati nel terreno, poiché molti patogeni sopravvivono sui residui vegetali. È consigliabile bruciare o compostare correttamente i residui, evitando di mescolarli nel suolo.

5. Uso di fungicidi e trattamenti preventivi

In caso di infestazioni persistenti, l'uso di

fungicidi specifici può aiutare a proteggere le piante. Tuttavia, è importante utilizzare questi prodotti con cautela e rispettare le dosi raccomandate, per evitare l'accumulo di residui chimici nel suolo e nelle piante.

- **Fungicidi a base di rame**: I fungicidi a base di rame sono particolarmente efficaci contro le malattie fungine e sono accettabili anche nelle coltivazioni biologiche. Tuttavia, l'uso eccessivo di rame può avere effetti negativi sul suolo, quindi è consigliabile limitare l'applicazione a casi di emergenza.

- **Prodotti biologici**: Esistono prodotti a base di estratti naturali, come olio di neem o bicarbonato di potassio, che possono essere utilizzati come trattamenti preventivi contro alcune malattie fungine e parassiti. Questi prodotti sono meno invasivi rispetto ai fungicidi chimici e rispettano l'ambiente.

6. Controllo biologico dei parassiti vettori

Poiché molte malattie, come il virus del mosaico, sono trasmesse dagli insetti, controllare i parassiti vettori è essenziale per prevenire l'insorgenza di malattie virali.

- **Introduzione di predatori naturali**: L'introduzione di insetti predatori, come coccinelle o crisopidi, può aiutare a tenere sotto controllo la popolazione di afidi e altri insetti vettori.

- **Trappole adesive**: Le trappole adesive di colore giallo sono efficaci per attirare e catturare gli afidi e altri insetti che trasmettono virus. Queste trappole possono essere collocate intorno al campo per monitorare e ridurre la popolazione di parassiti.

Queste tecniche di prevenzione e gestione delle malattie dei girasoli offrono un approccio completo per mantenere le piante in salute. Una strategia integrata di monitoraggio, prevenzione e intervento tempestivo aiuta a ridurre le perdite e a garantire una produzione di girasoli di alta qualità.

Capitolo 5: Raccolta e post-raccolta dei girasoli

La fase di raccolta e la gestione post-raccolta sono momenti fondamentali nel ciclo di vita dei girasoli, in particolare per chi coltiva queste piante per la produzione di semi o olio. La raccolta deve essere effettuata nel momento ottimale per garantire la massima qualità dei semi, mentre la fase di post-raccolta richiede un'adeguata conservazione e gestione per evitare la perdita di qualità dovuta a umidità, muffe o parassiti.

Quando e come raccogliere

Raccogliere i girasoli al momento giusto è fondamentale per massimizzare la resa e assicurare la qualità dei semi. Il periodo di raccolta può variare a seconda delle condizioni climatiche, della varietà di girasole e dello scopo finale della produzione (semi per il consumo diretto, per la produzione di olio o per altri usi).

1. Determinazione del momento giusto per la raccolta

Il momento ideale per raccogliere i girasoli si identifica osservando i cambiamenti della pianta, soprattutto nelle teste floreali e nei semi. Di seguito sono riportati alcuni segnali per determinare quando i girasoli sono pronti per la raccolta:

- **Essiccazione delle foglie**: Le foglie della pianta iniziano a ingiallire e a seccarsi, segno che la pianta sta completando il suo ciclo di vita e che ha trasferito gran parte dei nutrienti ai semi.

- **Capolino pendente**: Il capolino del girasole (la parte che contiene i semi) si inclina verso il basso quando è maturo, il che indica che il peso dei semi e la fase di maturazione sono quasi completi.

- **Colore del capolino**: Un altro segno di maturità è il cambiamento di colore del capolino, che passa da verde a giallo-bruno o marrone. Questo cambiamento di colore indica che i semi hanno raggiunto la loro piena maturità.

- **Aspetto dei semi**: Per verificare la maturazione dei semi, si può osservare la parte interna del capolino. I semi maturi sono pieni, duri e hanno sviluppato il loro tipico colore e disegno, che varia a seconda della varietà (bianco e nero, tutto nero, o grigio-nero con striature).

2. Tecniche di raccolta

Esistono diverse tecniche per la raccolta dei girasoli, che variano a seconda della scala di coltivazione e degli strumenti disponibili.

- **Raccolta manuale**: Nelle piccole coltivazioni o per i girasoli coltivati a scopo ornamentale, la raccolta può essere effettuata a mano. Una volta che il capolino è maturo, lo si taglia alla base dello stelo con cesoie o coltelli affilati, lasciando circa 30-40 cm di stelo. I capolini raccolti possono essere appesi a testa in giù in un luogo asciutto e ben ventilato per completare l'essiccazione dei semi.

- **Raccolta meccanica**: Nelle coltivazioni estensive, si utilizzano macchine raccoglitrici specifiche per girasoli, che consentono di raccogliere in modo rapido ed efficiente grandi quantità di piante. Queste macchine tagliano i capolini e separano i semi dal resto della pianta, riducendo il tempo e il lavoro necessari per la raccolta.

- **Raccolta tardiva con essiccazione naturale**: In alcune situazioni, i girasoli possono essere lasciati sul campo fino a completa essiccazione. Questo metodo è ideale in condizioni climatiche asciutte, ma può esporre i semi a rischi come muffe e attacchi di uccelli o insetti. Per evitare perdite, è consigliabile coprire i capolini con reti o sacchetti traspiranti in modo da proteggere i semi senza ostacolare la circolazione dell'aria.

3. Condizioni atmosferiche durante la raccolta

Le condizioni climatiche giocano un ruolo fondamentale nella raccolta dei girasoli, poiché l'umidità elevata può compromettere la qualità dei semi e favorire la formazione di muffe. È consigliabile raccogliere i girasoli in giornate asciutte, preferibilmente al mattino o al pomeriggio, quando la temperatura è più mite e l'umidità è bassa. In caso di piogge o elevata umidità, è opportuno posticipare la raccolta fino a quando le condizioni atmosferiche non migliorano, o procedere con l'essiccazione artificiale dopo la raccolta.

Conservazione dei semi

Una volta raccolti, i semi di girasole devono

essere gestiti con cura per preservarne la qualità e prevenire il deterioramento. La fase di post-raccolta è cruciale per assicurarsi che i semi restino integri e pronti per l'uso, sia che siano destinati al consumo alimentare, alla produzione di olio, o alla semina per la stagione successiva.

1. Essiccazione dei semi

L'essiccazione dei semi è un processo fondamentale per ridurre il contenuto di umidità, che dovrebbe essere inferiore al 10% per prevenire la formazione di muffe e funghi. L'essiccazione può essere eseguita in vari modi, a seconda delle risorse e delle condizioni climatiche.

- **Essiccazione naturale**: I capolini raccolti vengono appesi a testa in giù in un luogo asciutto, ben ventilato e ombreggiato per circa 1-2 settimane. Questo metodo permette di ridurre lentamente l'umidità residua, mantenendo intatte le proprietà dei semi. È importante evitare la luce solare diretta, poiché il calore eccessivo può compromettere la qualità dei semi.

- **Essiccazione al sole**: In zone con climi secchi e caldi, i capolini possono essere lasciati al sole per un breve periodo. Tuttavia, bisogna prestare attenzione per evitare un essiccamento eccessivo o bruciature. Dopo qualche ora, i capolini devono essere spostati in un'area ombreggiata per completare il processo.

- **Essiccazione artificiale**: Nelle coltivazioni industriali o in climi umidi, si può ricorrere all'essiccazione artificiale, utilizzando macchinari specifici come essiccatori ad aria calda. I semi vengono asciugati fino a raggiungere un contenuto di umidità ottimale. È importante monitorare la temperatura durante l'essiccazione artificiale, poiché temperature troppo elevate possono danneggiare i semi.

2. Pulizia e selezione dei semi

Dopo l'essiccazione, i semi devono essere puliti per rimuovere residui di materiale vegetale, polvere e semi danneggiati. Questa fase è importante per garantire un prodotto di alta qualità e per migliorare la conservabilità dei semi.

- **Separazione manuale**: Per piccole quantità di semi, la separazione può essere fatta manualmente, eliminando i semi danneggiati o malformati.

- **Pulizia meccanica**: Nelle coltivazioni su larga scala, si utilizzano pulitori meccanici per separare i semi dai detriti. I pulitori a setaccio permettono di dividere i semi in base alle dimensioni e di rimuovere eventuali scarti. Alcuni pulitori sono anche dotati di sistemi ad aria che soffiano via i residui più leggeri.

3. Conservazione dei semi

Una volta puliti e selezionati, i semi di girasole devono essere conservati in un ambiente controllato per evitare l'assorbimento di umidità e la proliferazione di insetti o funghi. La conservazione adeguata è fondamentale per preservare la freschezza e la qualità dei semi per lunghi periodi.

- **Condizioni ambientali**: I semi devono essere conservati in un luogo fresco, asciutto e buio. La temperatura ideale per la conservazione è compresa tra 5 e 10°C, con un'umidità relativa inferiore al 50%. Un ambiente con queste caratteristiche riduce il rischio di formazione di muffe e prolunga la durata di conservazione dei semi.

- **Contenitori di conservazione**: È importante scegliere contenitori appropriati per la conservazione. Per i semi destinati alla semina o al consumo alimentare, si possono utilizzare sacchetti di carta o di tela, che permettono al seme di "respirare" senza trattenere umidità. Per una conservazione più lunga, soprattutto nelle grandi produzioni, si possono usare contenitori ermetici, come barattoli di vetro o bidoni di metallo, che proteggono i semi dall'umidità e dai parassiti.

- **Protezione dai parassiti**: I semi di girasole possono essere vulnerabili agli attacchi di parassiti, come i coleotteri e le larve di insetti. Per prevenire le infestazioni, è possibile aggiungere foglie di alloro o chiodi di garofano nei contenitori di conservazione, che fungono da repellenti naturali. In caso di infestazioni più gravi, i semi

possono essere conservati in freezer per 24-48 ore prima dello stoccaggio, per eliminare eventuali larve o insetti.

4. Durata di conservazione dei semi

La durata di conservazione dei semi di girasole varia in base alle condizioni di stoccaggio e alla finalità d'uso:

- **Semi per il consumo**: I semi destinati al consumo diretto, come spuntini o per la produzione di olio, possono essere conservati per 6-12 mesi in condizioni ottimali. Tuttavia, con il passare del tempo, i semi possono perdere la loro freschezza e sviluppare un sapore rancido a causa dell'ossidazione degli oli.

- **Semi per la semina**: I semi destinati alla semina possono essere conservati fino a 2-3 anni, purché siano mantenuti in un ambiente asciutto e fresco. È consigliabile effettuare un test di germinazione prima di utilizzare semi conservati per lunghi periodi, per verificare la loro vitalità.

5. Controllo qualità dei semi

Per assicurarsi che i semi siano di buona qualità dopo la conservazione, è possibile effettuare alcune verifiche:

- **Test di germinazione**: Per i semi destinati alla semina, un test di germinazione permette di verificare se i semi sono ancora vitali. Si può disporre un certo numero di semi su un panno umido e osservare quanti di essi germinano entro una settimana. Un tasso di germinazione superiore all'80% indica che i semi sono ancora validi per la semina.

- **Controllo visivo e olfattivo**: I semi per il consumo devono apparire integri e privi di macchie o muffe. Inoltre, i semi freschi hanno un odore caratteristico; se i semi sviluppano un odore rancido o muffato, potrebbero essere stati compromessi durante la conservazione.

La fase di raccolta e post-raccolta è determinante per ottenere un prodotto di qualità e per preservare la vitalità dei semi. Una gestione attenta di tutte le fasi, dalla raccolta all'essiccazione fino alla conservazione, permette di prolungare la vita e le proprietà dei semi, rendendoli disponibili per usi futuri o per la prossima stagione di semina.

Capitolo 6: Usi e benefici dei girasoli

Il girasole è una pianta estremamente versatile, ammirata per la sua bellezza e apprezzata per le molteplici applicazioni nei settori alimentare, della salute, dell'industria e dell'ornamento. Dal girasole si ricava l'olio di semi di girasole, ampiamente utilizzato in cucina e ricco di benefici per la salute. Inoltre, i girasoli offrono molteplici usi ornamentali e sono amati per il loro simbolismo e fascino. In questo capitolo, esploreremo i principali benefici dei girasoli, le tecniche per ricavare l'olio, i suoi usi culinari e terapeutici, e alcune curiosità affascinanti su questa pianta.

Come ricavare/produrre l'olio di semi di girasole

L'olio di semi di girasole è uno degli oli vegetali più utilizzati nel mondo grazie al suo sapore delicato, al costo relativamente basso e alle proprietà salutari. La sua produzione è un processo articolato che richiede la lavorazione dei semi per estrarne l'olio in modo efficiente.

1. Raccolta e preparazione dei semi

La produzione di olio di semi di girasole inizia con la raccolta e la selezione dei semi. I semi devono essere maturi e completamente asciutti, con un contenuto di umidità inferiore al 10%, per garantire una buona qualità dell'olio.

- **Pulizia dei semi**: I semi vengono puliti per rimuovere eventuali impurità, come residui vegetali, polvere e semi danneggiati. La pulizia è importante per evitare contaminazioni e garantire un olio di alta qualità.

- **Essiccazione**: Anche se i semi raccolti sono già relativamente asciutti, possono essere ulteriormente essiccati per ridurre l'umidità residua, il che facilita il processo di estrazione dell'olio e ne prolunga la durata di conservazione.

2. Estrazione dell'olio

Esistono diversi metodi per estrarre l'olio dai semi di girasole, ciascuno dei quali ha un impatto sul gusto, sul valore nutrizionale e sulla qualità dell'olio prodotto.

- **Spremitura a freddo**: È una delle tecniche migliori per ottenere un olio di alta qualità e con elevato contenuto di nutrienti. I semi vengono pressati a basse temperature, generalmente non superiori ai 30-40°C, per evitare che i nutrienti si degradino. L'olio di girasole ottenuto con spremitura a freddo conserva tutto il sapore e le proprietà nutrizionali naturali, ed è preferito per il consumo a crudo, ad esempio come condimento.

- **Spremitura a caldo**: La spremitura a caldo implica il riscaldamento dei semi a temperature elevate prima della pressatura. Questo metodo permette di ottenere una quantità maggiore di olio, ma ne riduce leggermente la qualità e le proprietà organolettiche, poiché il calore può alterare alcuni composti sensibili, come le vitamine e gli antiossidanti. È una tecnica diffusa nell'industria alimentare e permette di ottenere un olio adatto sia per la cucina che per la frittura.

- **Estrazione con solventi**: Questo metodo viene utilizzato principalmente nell'industria per massimizzare la resa, e consiste nell'uso di un solvente chimico (di solito esano) per separare l'olio dai residui solidi. Dopo l'estrazione, il solvente viene rimosso tramite evaporazione. Sebbene l'olio prodotto con questo metodo sia economico, richiede successivamente una raffinazione per essere reso idoneo al consumo.

3. Raffinazione dell'olio

La raffinazione è un processo opzionale, ma comune, per rimuovere eventuali impurità e migliorare la stabilità dell'olio, prolungandone la durata di conservazione. Il processo di raffinazione può includere:

- **Sbiancamento**: Rimuove pigmenti e impurità presenti nell'olio, rendendolo più chiaro e stabile.

- **Deodorazione**: Serve a rimuovere gli odori indesiderati dall'olio, lasciando un gusto neutro e versatile, adatto a molte preparazioni culinarie.

- **Neutralizzazione**: Elimina acidi grassi liberi e altre sostanze che potrebbero ridurre la qualità dell'olio o causare problemi di conservazione.

Il risultato finale è un olio di semi di girasole limpido, leggero e dal gusto delicato, pronto per essere utilizzato in cucina o per altri usi.

Utilizzi in cucina

L'olio di semi di girasole è ampiamente utilizzato in cucina per la sua versatilità e per le sue caratteristiche organolettiche. La sua capacità di resistere a temperature elevate senza produrre troppi composti tossici lo rende una delle scelte più comuni per la frittura e la preparazione di cibi cotti.

1. Cottura e frittura

L'olio di semi di girasole ha un punto di fumo relativamente alto (circa 230°C per l'olio raffinato), il che lo rende adatto per la frittura e la cottura a temperature elevate. È ideale per friggere patatine, pollo e altri alimenti, poiché mantiene un sapore neutro che non altera il gusto degli ingredienti.

2. Condimento

L'olio di semi di girasole spremuto a freddo è particolarmente apprezzato come condimento a crudo, grazie al suo sapore leggero e delicato. Può essere utilizzato su insalate, verdure grigliate e piatti di pesce, dove non copre i sapori degli altri ingredienti.

3. Produzione di margarina e altri alimenti

L'olio di semi di girasole è un ingrediente comune nella produzione industriale di margarina, maionese, salse e snack confezionati. Grazie alla sua consistenza e alla stabilità alle alte temperature, è ampiamente utilizzato come alternativa all'olio di palma o ad altri grassi meno salutari.

Benefici per la salute

L'olio di semi di girasole è ricco di nutrienti benefici per la salute, tra cui acidi grassi insaturi, vitamina E e antiossidanti. Tuttavia, come per ogni alimento, è importante consumarlo con moderazione all'interno di una dieta equilibrata.

1. Ricco di acidi grassi insaturi

L'olio di girasole è una fonte importante di acidi grassi insaturi, in particolare di acido linoleico (omega-6) e di acido oleico (omega-9). Gli acidi grassi insaturi sono essenziali per il nostro organismo e aiutano a ridurre il colesterolo LDL ("cattivo") nel sangue, contribuendo così alla salute cardiovascolare. Il consumo moderato di olio di semi di girasole, all'interno di una dieta varia, può ridurre il rischio di malattie cardiache e favorire il benessere generale.

2. Elevato contenuto di vitamina E

La vitamina E è uno dei principali antiossidanti presenti nell'olio di semi di girasole. Questo nutriente svolge un ruolo importante nella protezione delle cellule dallo stress ossidativo e contribuisce a mantenere in salute la pelle e il sistema immunitario. La vitamina E è inoltre essenziale per la salute dei capelli e delle unghie, ed è spesso utilizzata anche in prodotti cosmetici.

3. Effetti antinfiammatori

Gli acidi grassi insaturi presenti nell'olio di girasole possono avere un effetto antinfiammatorio sull'organismo. La presenza di acido oleico, in particolare, può aiutare a ridurre l'infiammazione cronica, che è associata a numerose malattie come l'artrite, il diabete e le malattie cardiovascolari.

4. Proprietà protettive per la pelle

L'olio di semi di girasole è anche un ottimo idratante naturale, spesso utilizzato in prodotti per la cura della pelle. Grazie al suo contenuto di vitamina E e di acidi grassi, l'olio aiuta a mantenere la pelle morbida e idratata, proteggendola dai danni causati dai radicali liberi. L'olio di girasole può essere applicato direttamente sulla pelle come emolliente, oppure può essere utilizzato come base per oli da massaggio e lozioni.

Uso ornamentale

Il girasole è una delle piante ornamentali più amate per il suo aspetto solare e vivace. Viene coltivato in giardini, parchi e spazi pubblici per aggiungere colore e vitalità. L'uso ornamentale dei girasoli è apprezzato per diverse ragioni:

- **Attrattiva visiva**: I girasoli sono celebri per la loro bellezza naturale. I loro grandi fiori gialli e la loro altezza imponente creano un impatto visivo notevole nei giardini e negli spazi esterni.

- **Simbolo di allegria e positività**: Nella cultura popolare, il girasole è considerato simbolo di felicità e vitalità. È spesso utilizzato in composizioni floreali e come decorazione nelle cerimonie e negli eventi.

- **Impollinazione e supporto per la biodiversità**: I girasoli sono ottimi fiori per attrarre api, farfalle e altri impollinatori. Coltivare girasoli favorisce la biodiversità e contribuisce alla salute dell'ecosistema.

Curiosità e fatti interessanti sui girasoli

I girasoli sono piante ricche di storia e curiosità, che affascinano per le loro caratteristiche uniche e per il loro significato simbolico in molte culture. Ecco alcune curiosità interessanti:

1. **Eliotropismo**: I giovani girasoli seguono il movimento del sole durante la giornata, un fenomeno noto come eliotropismo. Di giorno si orientano verso il sole, da est a ovest, per massimizzare l'assorbimento della luce. Quando maturano, però, i girasoli si stabilizzano e smettono di muoversi, orientandosi solitamente verso est.

2. **Origine americana**: Il girasole è originario delle Americhe e fu coltivato per la prima volta dagli indigeni del Nord America. Gli esploratori europei portarono il girasole in Europa nel XVI secolo, dove divenne popolare come pianta ornamentale e da olio.

3. **Altezza record**: I girasoli sono tra le piante più alte al mondo. La varietà "girasole gigante" può superare i tre metri di altezza. Il record mondiale attuale per il girasole più alto è di oltre 9 metri!

4. **Simbolismo**: In molte culture, il girasole simboleggia positività, longevità e

ammirazione. In Cina, è considerato un simbolo di lunga vita, mentre in altri contesti è associato alla lealtà e alla felicità.

5. **Uso dei semi come snack**: I semi di girasole sono uno snack popolare in molte parti del mondo. Ricchi di proteine, fibre e nutrienti essenziali, sono uno spuntino nutriente e gustoso. Negli Stati Uniti e in Messico, i semi di girasole sono spesso consumati tostati e salati.

6. **Girasoli e bioremediation**: I girasoli hanno una capacità unica di assorbire metalli pesanti e altre sostanze tossiche dal suolo. Sono stati utilizzati in progetti di bonifica ambientale, come a Chernobyl, per rimuovere contaminanti radioattivi dal terreno.

7. **Olio di girasole come biocombustibile**: L'olio di semi di girasole è stato sperimentato come fonte di biocombustibile. Pur non essendo ancora largamente utilizzato in questo campo, rappresenta un'alternativa sostenibile

ai combustibili fossili in piccole applicazioni.

Questi usi e benefici dei girasoli dimostrano quanto questa pianta sia preziosa e versatile, tanto nel campo alimentare quanto in quello ornamentale e ambientale. Dalla produzione di olio e semi all'uso come decorazione, il girasole è una pianta che offre benefici in molteplici ambiti, confermando il suo valore unico e duraturo.

Glossario:

Glossario sui Girasoli

Il mondo dei girasoli è ricco di termini tecnici e conoscenze specifiche, che spaziano dai processi di coltivazione e manutenzione alla produzione e agli usi commerciali. Questo glossario sui girasoli fornirà una panoramica dettagliata dei principali termini e concetti associati a questa pianta versatile, toccando aspetti botanici, agronomici e industriali.

A

Acido linoleico

Un acido grasso essenziale della serie omega-6, presente in quantità elevate nei semi di girasole. È noto per i suoi benefici per la salute cardiovascolare e per la sua capacità di ridurre i livelli di colesterolo LDL nel sangue.

Acido oleico

Un acido grasso monoinsaturo appartenente alla famiglia degli omega-9. L'acido oleico è presente in molti oli vegetali, inclusi quelli di semi di girasole ad alto contenuto oleico, ed è apprezzato per i suoi benefici per la salute e la sua stabilità a temperature elevate.

Aiuola sopraelevata

Un metodo di coltivazione che consiste nel rialzare il terreno rispetto al livello del suolo circostante. Questo tipo di aiuola è utile per migliorare il drenaggio e facilitare la gestione del terreno, specialmente in aree con suoli pesanti o poco drenanti.

Antenna floreale

La parte superiore della pianta di girasole che contiene il capolino e segue il movimento del sole durante la giornata nei giovani girasoli, un fenomeno noto come eliotropismo.

Antiossidanti

Molecole che proteggono le cellule dagli effetti dannosi dei radicali liberi. I semi di girasole contengono elevate quantità di vitamina E, un antiossidante naturale che contribuisce a ridurre l'ossidazione nelle cellule del corpo umano.

B

Botrytis cinerea

Un fungo patogeno che causa la muffa grigia, una malattia comune nei girasoli. Si sviluppa in condizioni di elevata umidità e temperatura moderata, e attacca principalmente i fiori e le foglie, compromettendo la qualità dei semi.

Biocombustibile

Un combustibile prodotto da materiali

vegetali, come l'olio di semi di girasole. Grazie alla sua origine rinnovabile, è considerato una delle alternative sostenibili ai combustibili fossili.

Bioremediation

Tecnica utilizzata per bonificare terreni contaminati tramite l'impiego di piante o microrganismi. I girasoli sono impiegati in questo processo per assorbire metalli pesanti e sostanze tossiche, grazie alla loro capacità di accumulare contaminanti ambientali nelle loro radici e tessuti.

Bulbo della radice

La parte radicale del girasole che permette alla pianta di assorbire acqua e nutrienti dal suolo, estendendosi in profondità per sostenere la pianta anche in periodi di siccità.

C

Capolino

La parte terminale del girasole che contiene i semi. È costituito da una fitta infiorescenza composta da fiori fertili, centrali, e da fiori periferici, sterili, che formano i caratteristici petali gialli.

Concimazione

La pratica di aggiungere nutrienti al suolo per migliorare la crescita della pianta. Per i girasoli, una concimazione equilibrata con azoto, fosforo e potassio è essenziale per sostenere una crescita vigorosa e una fioritura abbondante.

Compost

Un fertilizzante organico ottenuto dalla decomposizione di materiale vegetale e organico. È spesso utilizzato nella coltivazione dei girasoli per migliorare la struttura del suolo e apportare nutrienti.

Cultivar

Varietà coltivate di girasole selezionate per caratteristiche specifiche come la resistenza alle malattie, la produzione di semi o la capacità ornamentale. Le cultivar di girasole possono differenziarsi notevolmente per dimensione, colore e resa.

D

Decorticazione

Il processo di rimozione del guscio esterno dei semi di girasole, che viene effettuato principalmente per ottenere semi per il consumo alimentare o per la produzione di olio.

Drenaggio

La capacità del suolo di permettere all'acqua di defluire, evitando il ristagno idrico. I girasoli richiedono un terreno ben drenato per evitare marciumi radicali e altre malattie causate dall'eccesso di umidità.

Diserbo

Operazione di rimozione delle erbe infestanti che competono con i girasoli per i nutrienti, l'acqua e la luce. Può essere effettuato manualmente o con l'uso di erbicidi selettivi.

E

Eliotropismo

Il fenomeno attraverso cui i giovani girasoli orientano il capolino verso il sole durante il giorno, seguendone il movimento da est a ovest. Questo comportamento consente di massimizzare la quantità di luce solare assorbita.

Essiccazione

Il processo di riduzione dell'umidità nei semi di girasole per prevenire la formazione di muffe e facilitare la conservazione. Può essere effettuato all'aria aperta o mediante essiccatori artificiali.

Estrusione

Un metodo utilizzato per l'estrazione dell'olio dai semi di girasole tramite spremitura, particolarmente diffuso nell'industria per ottimizzare la resa e ridurre gli scarti.

F

Fertilizzante a lento rilascio

Un tipo di fertilizzante che rilascia gradualmente i nutrienti nel suolo, garantendo una disponibilità continua per la pianta durante il suo ciclo di crescita. È spesso utilizzato per i girasoli per favorire uno sviluppo equilibrato.

Fotosintesi

Il processo attraverso cui i girasoli e altre piante trasformano l'energia solare in energia chimica, producendo glucosio e ossigeno. È un meccanismo essenziale per la crescita e il sostentamento della pianta.

Fitodepurazione

Tecnica di depurazione ambientale che utilizza piante, come i girasoli, per rimuovere inquinanti dal suolo o dall'acqua. I girasoli sono spesso utilizzati per assorbire metalli pesanti in terreni contaminati.

Fitosanitario

Un prodotto o trattamento utilizzato per proteggere i girasoli da malattie e parassiti. I prodotti fitosanitari comprendono fungicidi, erbicidi e insetticidi.

G

Germoglio

La parte iniziale della pianta che emerge dal seme durante la germinazione. Nei girasoli, il germoglio rappresenta il primo stadio visibile di crescita e si sviluppa rapidamente per diventare una pianta giovane.

Germinazione

Il processo attraverso cui il seme di girasole si sviluppa in una nuova pianta. La germinazione richiede condizioni ottimali di umidità, calore e ossigeno.

Girasole gigante

Una varietà di girasole che può raggiungere altezze superiori ai 3 metri. È comunemente utilizzata a scopo ornamentale e, in alcuni casi, per produrre semi di grandi dimensioni.

I

Ibridazione

La tecnica di incrocio tra due varietà diverse di girasole per ottenere una nuova pianta con caratteristiche specifiche, come una maggiore resistenza alle malattie o una resa superiore di semi.

Infiorescenza

La disposizione dei fiori sul capolino del girasole. Nei girasoli, l'infiorescenza è formata da una fitta spirale di fiori che si dispongono secondo la sequenza di Fibonacci.

Irrigazione a goccia

Un sistema di irrigazione che fornisce acqua direttamente alle radici della pianta, riducendo il rischio di ristagno e aumentando l'efficienza idrica. È particolarmente adatto per la coltivazione dei girasoli in zone aride.

L

Lecitina

Un composto presente nei semi di girasole, utilizzato come emulsionante nell'industria alimentare e cosmetica. La lecitina di girasole è una valida alternativa alla lecitina di soia e viene impiegata in svariati prodotti.

Letame

Un fertilizzante organico derivato dai rifiuti animali, utilizzato per arricchire il suolo di nutrienti essenziali. È comunemente usato per preparare il terreno prima della semina dei girasoli.

M

Marciume bianco

Una malattia fungina causata da _Sclerotinia sclerotiorum_ che colpisce i girasoli, provocando il deperimento della pianta e il marciume dei tessuti interni. È particolarmente pericolosa in condizioni di umidità elevata.

Muffa grigia

Una malattia causata dal fungo _Botrytis cinerea_, che colpisce i fiori e le foglie dei girasoli

. Si sviluppa in condizioni di alta umidità e temperature moderate.

Mulching

Tecnica di copertura del terreno intorno alle piante con materiali organici come paglia, corteccia o compost per ridurre l'evaporazione dell'acqua e limitare la crescita delle erbacce.

N

Necrosi

Il processo di morte cellulare nei tessuti della pianta, spesso causato da infezioni, carenze nutrizionali o danni fisici. La necrosi si manifesta con aree scure o secche sulle foglie o sui fiori dei girasoli.

Nutrienti

Le sostanze essenziali per la crescita e lo sviluppo delle piante, tra cui azoto, fosforo e potassio. I girasoli richiedono un apporto equilibrato di nutrienti per sviluppare fiori grandi e semi di qualità.

O

Olio di semi di girasole

L'olio estratto dai semi di girasole, ricco di acidi grassi insaturi e vitamina E. È ampiamente utilizzato in cucina, sia come condimento che per la frittura, e trova applicazione anche nell'industria cosmetica e farmaceutica.

Oidio

Una malattia fungina che si manifesta come una patina biancastra sulla superficie delle foglie del girasole. È causata dal fungo _Erysiphe cichoracearum_ e si diffonde in condizioni di alta umidità e basse temperature.

P

Peronospora

Malattia causata dal fungo _Plasmopara halstedii_, che attacca le radici e i tessuti vascolari delle piante giovani, provocando l'ingiallimento e il rallentamento della crescita.

Punto di fumo

La temperatura alla quale l'olio di semi di girasole inizia a decomporsi, producendo fumo e sostanze nocive. Per l'olio raffinato, il punto di fumo si aggira intorno ai 230°C, rendendolo adatto alla frittura.

R

Radice fittonante

Una radice principale che penetra in profondità nel terreno, tipica dei girasoli. Questo tipo di radice aiuta la pianta a resistere alla siccità e a stabilizzarsi nel suolo.

Rotazione delle colture

La pratica di alternare diverse colture in un campo per ridurre l'accumulo di patogeni e migliorare la fertilità del suolo. Per i girasoli, è consigliabile evitare la semina consecutiva sullo stesso appezzamento per almeno 3-4 anni.

S

Sarchiatura

Un'operazione di lavorazione superficiale del terreno che permette di eliminare le erbe infestanti e arieggiare il suolo, favorendo una crescita sana delle piante di girasole.

Seme oleoso

Semi che contengono un'alta percentuale di olio, come i semi di girasole. Questi semi sono ampiamente coltivati per la produzione di olio e sono una fonte importante di nutrienti.

T

Tessuto non tessuto

Materiale sintetico utilizzato per coprire il terreno intorno ai girasoli, riducendo la crescita delle infestanti e conservando l'umidità del suolo.

Trapianto

La pratica di trasferire le piantine di girasole da un ambiente protetto (come una serra) al terreno. Questa tecnica è usata principalmente per le varietà ornamentali o in climi rigidi.

Indice

Introduzione pg. 4

Capitolo 1: Storia e origini del girasole pg.6

Capitolo 2: Tecniche di semina dei girasoli pg.14

Capitolo 3: Manutenzione delle piante di girasole pg.25

Capitolo 4: Gestione delle malattie e dei parassiti pg.37

Capitolo 5: Raccolta e post-raccolta dei girasoli pg.51

Capitolo 6: Usi e benefici dei girasoli pg.63

Glossario pg.77

www.ingramcontent.com/pod-product-compliance
Lightning Source LLC
Chambersburg PA
CBHW070342230526
45471CB00006B/2417